WAS IST WAS

学习 好奇 科学 改变 未来

 未来能源 —— 让能源动起来

 探索月球 —— 神秘而强大

 神奇地球 —— 蔚蓝的家园

神秘机器人 —— 人工智能和超级好帮手

第一辑·全10册

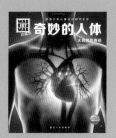 奇妙的人体

 深海之谜 —— 生机勃勃的黑暗国度

 太空之旅 —— 深入宇宙的探险

 走进热带雨林 —— 地球的绿色宝藏

第二辑·全10册

 宇宙中的星体 —— 打开探索宇宙的大门

 伟大的发明 —— 天才与灵感的杰作

 神奇的火车 —— 沿着轨道驶向未来

 沙漠之旅 —— 沙丘、绿洲和无尽的沙海

第三辑·全10册

 显微镜探秘 —— 肉眼看不见的微小世界

 野生动物 —— 从驯服到保护的野性

 奇趣萌宠 —— 人类的好朋友

 鸟类不简单 —— 天空中的杂技演员

第四辑·全10册

 神秘的古埃及 —— 尼罗河畔的金色帝国

 印第安人 —— 众和原住民

 伟大的探险家 —— 追随他们的脚步，探索全世界

 未来世界 —— 一切就在变化之中

第五辑·全10册

 蛇的故事 —— 拥有敏锐感官的猎手

 考古探秘 —— 犯罪历史的宝藏

 马的生活 —— 人类忠实的伙伴

 舞蹈的魅力 —— 舞动翩翩

第六辑·全10册

 生物质资源 —— 植物动力引领未来

 石器时代 —— 火的控制与使用

第七辑·全8册

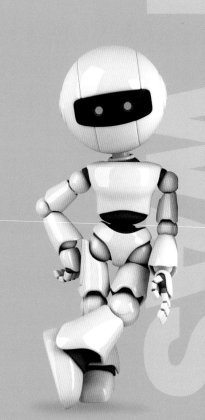

WAS IST WAS
珍藏版

矿物与岩石

闪闪发亮的宝藏

[德] 卡琳·菲南 / 著   赖雅静 / 译

航空工业出版社

方便区分出不同的主题！

真相
大搜查

**箭头符号▶代表
内容特别有趣！**

38

三叶虫、远古时代的甲壳动物和恐龙。这里说明化石是如何形成的。

在这里，你会发现萤石在黑暗中发光的原因。

10

44

业余地质学家注意！想知道怎么充实自己的收藏品吗？看这里就对了！

48 / 名词解释

重要名词解释

巨型晶体

儒勒·凡尔纳在他的《地心游记》里描述过一个布满巨型矿物晶体的洞穴。过去，这种现象一直被认为是作家虚构的，如今却真实存在。公元 2000 年，在墨西哥北部的奇瓦瓦州，有矿工无意中发现一座令人叹为观止的晶体洞穴。这一带是盛行开采矿石的地区，开采的矿物主要是铅和锌，但也有金、银和铜。当时两名矿工正在为矿坑钻挖新的通风井，当电钻钻透岩壁时，有一大股热水扑面而来，接着出现了一座布满巨大晶体的洞穴！这是史上最壮丽的地理发现之一。

在这座"晶洞"里有着地球上最大的晶体，这些晶体可达 14 米长、50 吨重。在距今大约 2500 万年前，有大量的岩浆把富含矿物成分的高温水挤压到矿藏丰富的奈卡山脉，溶解在水中的石膏于是开始结晶成为透石膏。透石膏（英文：Selenite）拥有美丽的光辉，因此以希腊月亮女神赛勒涅（Selene）命名。

这个洞穴系统和外界隔绝，所以洞穴内的环境在很长一段时间里都相当稳定，让这些巨型晶体有机会在其中成长。不过，想要对这些洞穴进行研究可是有致命危险的，因为这里就像是个巨大的蒸气桑拿室，而且比蒸气桑拿更令人难以忍受。里面的空气温度高达 50℃，湿度也高到皮肤表面的汗水无法蒸发，进入这些晶体洞穴的人往往不久就会中暑，所以研究人员必须穿上具有降温作用的防护服。

而在这里的洞穴学者，每一步都走得战战兢兢，因为一旦摔下去，身体就可能被某个晶体刺穿。除了这座晶洞，附近还有其他更早被人发现、并且名字相当戏剧化的洞穴，例如剑洞、女王之眼、帆洞等。

透石膏是一种能劈成无色透明的薄片的石膏变种，科学家认为，这种矿物所散发出的光泽就像月光一般。

曾经用过石膏绷带的人如果看到这种透明的石膏晶体，大概会很惊讶吧！

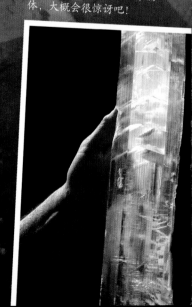

矿物学者就像消防员一样，只有戴着自给式呼吸器才能进入透石膏晶洞。

洞穴研究人员

洞穴探勘
透石膏晶洞禁止一般研究人员和媒体进入，不只是因为这里的环境有致命的危险，也因为数千年来这些晶体与世隔绝，非常敏感，很容易损坏。

从简单的石英砂能提炼出制造大多数微芯片所需的材料——硅。

海胆

日常生活中的
矿物与岩石

如果海胆没有这么坚韧的棘刺，游泳的人会很高兴。

并非所有的矿物都像钻石那么昂贵，但是少了它们，生活上的大小事就没办法运作了。从我们醒来到去上学，我们已经碰触到形形色色的矿物和岩石了。不仅如此，矿物还是人体的重要成分呢！

如今栖息在易北河的鱼类又再度超过100种，比莱茵河的鱼类更多。

一天里用到的矿物

妈妈的咖啡杯是陶瓷做的，陶瓷是以高岭土、长石和石英混合烧制而成的。早餐吃的白煮蛋，蛋壳最主要的成分是石灰石，而使我们的牙齿和骨骼坚固的是磷灰石。细小的立方体盐粒簇簇地撒在蛋上，牙膏里的洁牙物质添加的则是白垩粉。

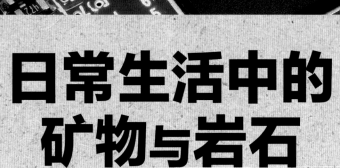

蛋壳含有许多矿物质，不过你可不能连壳都吃下去！

最好还是选用其他物品，来测试矿物的"解理性"。

古老石板路的路面以辉长岩、花岗岩等坚硬的天然石块铺设而成。

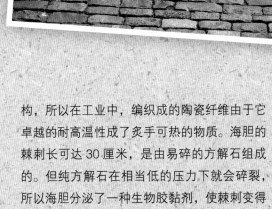

另外，人行道也可能是以各种岩石铺设而成的。先把花岗岩板铺在碎石上，再用砂粒填补石板中间的间隙。学校里的建筑是以各种不同的岩石建成的，而屋顶上太阳能电池的原料"硅"则是从石英中提炼出来的。

矿物的用途无穷无尽，因为它们拥有各种可供我们利用的特性，例如可以导电、使光线折射或是与其他元素结合。有些矿物硬度很高，能用来打磨、抛光；有些矿物因为具有解理性，可以用来写字。矿物可以做成饰物，也能当作原料，许多半导体的主要成分就是硅。

矿物与环保

矿物能让工业产生的毒物变得无害，例如主要成分是矿物的烟雾净化器。烟雾净化器通常装设在排放含有硫废气的烟囱里，避免污染我们呼吸的空气。烟雾净化器含有石灰，而石灰能和烟雾中有毒的硫结合，成为无害的石膏。有好长一段时间，易北河曾经是欧洲污染最严重的河流之一，幸亏有矿物协助将它净化。方解石、文石、钙钛矿和其他矿物能和有毒的重金属发生反应，形成无毒的化合物，所以近几十年来，人们才能使河底淤泥里的重金属数量减少。

生物矿化是什么？

矿物学家也通过研究自然界中生物的巧妙手法，制造出实用的新矿物，如工业陶瓷等。啮齿目动物的牙齿锐利、不易断裂，科学家发现田鼠牙齿的珐琅质具有一种3D编织结构，所以在工业中，编织成的陶瓷纤维由于它卓越的耐高温性成了炙手可热的物质。海胆的棘刺长可达30厘米，是由易碎的方解石组成的。但纯方解石在相当低的压力下就会碎裂，所以海胆分泌了一种生物胶黏剂，使棘刺变得柔韧，可以经受得住剧烈的海浪。至于亮丽的珍珠，则是由胶黏在一起的微小文石晶体集合而成的，珍珠的抗裂性是纯文石的3000倍。

田鼠

啮齿目动物牙齿的珐琅质甚至连铝都能咬穿。它们终生不断长出新牙，利用啮咬把牙齿磨利。

晶体 是什么？

晶体既不是液体，也不是气体，而是一种固体。晶体的基础是在格架式的晶格中有规律、有秩序地排列原子，每个原子都会在晶格中占据特定的位置，并且以固定的角度和相邻的原子结合。当它们组成某种矿物时，必须维持这种构造。我们经常都会见到的、以晶体形式呈现的物质，有食盐、糖、雪等。硅的晶格结构和钻石的相似，但钻石却是由碳原子组成的，因此钻石的性质和硅晶的性质截然不同。

化学元素：组成世界的基本物质

化学元素就是具有相同质子数的一类原子的总称，并且原子无法以一般的化学方法加以分解。截止到 2012 年，总共有 118 种元素被发现，每种元素都以一种符号表示，例如"H""O"和"Au"分别表示氢、氧和金这 3 种元素。

晶 格

食盐（氯化钠）永远都是由立方体状的晶体组成的。

不论哪个方向，钠原子和氯原子都交替出现。

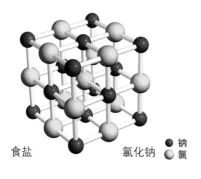

食盐 氯化钠

● 钠
○ 氯

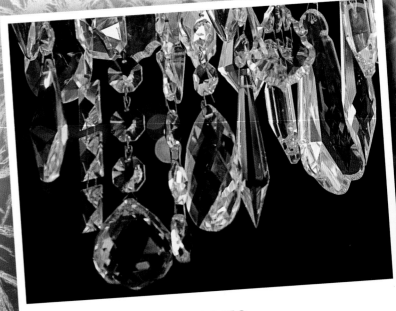

璀璨的水晶吊灯——不是水晶？

虽然我们把它们称为水晶玻璃，但玻璃恰好是少数非晶体的固态物。从化学角度来看，玻璃更像是一种固态液体。

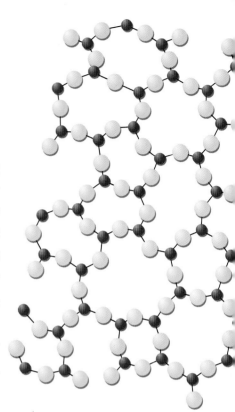

晶体是怎么形成的？

结晶，也就是形成晶体的方法有 3 种：

1 第一种我们很容易就看得到，例如液态的水凝结成固态的冰。在结冰的过程中，水分子被迫接受一种有秩序的排列方式，在雪花中可以清楚见到这种美丽的晶体结构。

2 第二种结晶方式我们很少见到：火山喷发，炽热的液态熔岩冷却凝固。

3 在第三种结晶方式中，某种晶体转变成另一种晶体。这种过程需要高压和 600℃ 的高热，因为要让原来的晶格改变并不是一件容易的事。

晶体是怎么构成的？

晶体的形状是由晶体内部有规律的结构所决定的，而不管哪种晶体，都是由许多平面所组成的。立方体是一种简单的晶体结构，晶体的基本结构有许多种，这些结构彼此相互组合，可以衍生出更多的变化。晶体按照它的结构可以被分为不同的晶系，萤石的晶体结构像立方体，呈现 6 个面，呈现 8 个面的被称为正八面体。方解石的晶体形状多种多样，常见的有柱状和菱面体。石英晶体呈六角柱，六角柱两端呈金字塔状，柱体表面的夹角都是 120 度角。它们的晶格决定了矿物会形成片状、针状或长方体状。晶体形状是一项重要的分类标准。

玻璃凝固的速度极快，快到来不及形成晶格，所以我们说玻璃是无定形体、非晶体。

等轴晶系
如：萤石

四方晶系
如：金红石

六方晶系
如：石英

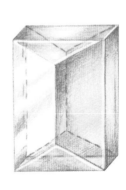

斜方晶系
如：黄玉

单斜晶系
如：蓝铜矿

重要的矿物

世界上大约有 4800 多种矿物，但不是每一种都常见，绝大多数的矿物甚至非常稀有。矿物学者依据组成矿物的化学元素，将矿物分成 10 种主要类别，以下介绍的是其中 4 种：

1 由单一自然元素组成的矿物。

2 硅酸盐类：是由硅酸根以及其他金属元素组成的化合物。

3 氧化物类：元素同氧结合。

4 卤化物类：卤族元素与其他元素组成的化合物。

第二类
硅酸盐类矿物

硅酸盐类矿物是由硅酸根，以及其他元素形成的化合物。依据分子在硅酸盐晶格的排列方式，可形成片状、链状或三维架状等结构，而矿物的外观会显示出这些结构。

金

黄金是少数有颜色的金属，这种贵金属相当柔软，适合加工。

长 石

长石在地壳中比例高达 60%，在火成岩、变质岩、沉积岩中都可能出现。长石大多是乳白色，但常因含有多种杂质而被染成黄、褐、浅红、深灰等色，有的还可具有美丽的变彩或晕色现象。

第一类
由单一自然元素组成的矿物

金属是由单一元素组成的矿物，例如金和银。这类矿物在自然界以纯粹的形态出现时，被称为自然元素矿物。硫也可能以纯元素的形态出现，在含硫的蒸气散逸出来的火山边缘会形成这种黄色矿物。

大惊奇！

有些矿物在紫外线的照射下，会在黑暗中发亮，这种现象称为荧光或冷发光。最早被人发现具有这种现象的物质是萤石。

硫

硫是易燃物，火柴头里往往含有硫。

橄榄石

橄榄石呈橄榄色，是地球内部的岩浆在高温下结晶形成的，所以橄榄石往往出现在地球深处形成的岩石中。

紫水晶晶洞

几乎在所有的岩石裂缝中都可能生成水晶（石英），水晶大小可达数米。内部聚集石英晶体的水滴状空洞称为晶洞，图中晶洞内的紫色晶体是紫水晶。

德国化学家约翰·鲁道夫·格劳贝尔在做实验时，发现了芒硝。人们为了纪念它的发现者格劳贝尔，就将芒硝称为格劳贝尔盐。

> 如果你发现了新矿物，就可以跟格劳贝尔一样！

方解石

在我们的骨骼、海胆与贝类的外壳中都含有方解石的成分。有些山脉完全是由这一类物质堆积而成的石灰岩外壳构成的。

第四类
卤化物类

卤化物指含氟、氯、溴、碘元素的盐类。卤化物的英文是"halide"，而"halos"则是希腊语中的"盐"。最重要的盐类是碳酸盐和硫酸盐，而碳酸盐则是岩石中最重要的盐类。

第三类
氧化物

另一种矿物类别是氧化物，也就是含氧的化合物。氧化铝这种氧和铝的化合物可形成坚硬的矿物"刚玉"。而血红色的矿物"赤铁矿"则是由铁和氧形成的，赤铁矿晶体带有金属光泽。

知识加油站

▶ 在众多的化学元素中，只有少数几种以特定的化合物形式存在于地壳中，其中最重要的是氧（O）、硅（Si）、铝（Al）、铁（Fe）、镁（Mg）、钙（Ca）、钠（Na）和钾（K）。

▶ 分子是由两个或两个以上的原子形成的稳定化合物。

石 英

石英（SiO_2）在有些国家被归为氧化物，而在有些国家被归为硅酸盐。石英能以水晶或简单的卵石形态出现。

文 石

文石和方解石具有相同的化学成分。珊瑚骨骼也是由文石构成的。

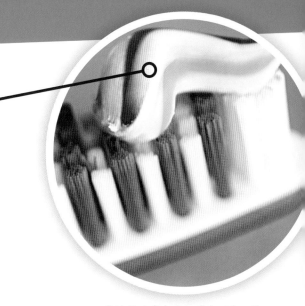

牙膏里的洁牙物质含有方解石粉，能清洁牙齿但又不会磨损它。

矿物的七大特性

想辨识矿物，可以利用矿物的 7 种特征。首先是外形，这一点我们在介绍晶格时已经介绍过。另外还有颜色、硬度、解理性、光泽、透明度、密度等。

染色或原色？

当某种矿物拥有构成它的物质本来的颜色时，这种矿物就叫作"自色矿物"。这种矿物从颜色就能加以辨识，例如辰砂红，就是依据红色矿物辰砂而命名的。

有不少矿物能呈现不同的颜色，它们本身无色，但晶体中的小杂质却能赋予它们鲜艳的色彩。例如纯净的石英是透明的，但也有白色的乳石英、灰色的烟晶、黄色的黄水晶、粉红色的蔷薇石英、紫色的紫水晶等。

硬、更硬、最硬

矿物的硬度也和我们如何利用它们有关。如果一种矿物能划另一种矿物，表示前者比较坚硬。根据这种能力，弗里德里希·摩斯（1773—1839）制定了一种硬度表，把矿物的软硬程度分为 10 级。

我们牙齿的主要成分是磷灰石，磷灰石的硬度是 5，而牙膏里的洁牙物质主要是方解石粉末，方解石的硬度是 3，比磷灰石低，所以这种粉末不会伤害我们的牙齿。如果我们把硬度是 7 的石英粉末混进牙膏里来刷牙，我们就不是在洁牙，而是在磨牙了。

氟这种元素会嵌入磷灰石中，让牙齿稍微坚硬些，所以牙膏里也会添加氟。

石墨纯粹是由碳原子组成的（黑色）。

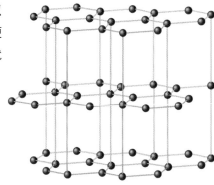

摩氏硬度表

自 1822 年起，就开始采用摩氏硬度表，把硬度分成 10 个等级。直到如今，矿物硬度仍然采用这种标准。

硬 度

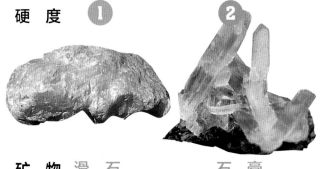

①	②	③	④	⑤
滑 石	石 膏	方解石	萤 石	磷灰石

矿物对比测试

—— 能以手指划破 ——

—— 能以小刀划破 ——

铅笔芯和钻石都是由碳组成的，只是它们的碳原子排列方式不同。

解理性

"解理"指矿物受到敲击或压力时，沿着平整面裂开的特性。方解石碎片会呈现菱面体解理。反之，石英等拥有格栅状结构的矿物解理性很低，碎块呈现不规则状。石墨是由碳组成的，拥有绝佳的解理性，所以可以做成铅笔的笔芯。我们在纸上用铅笔画出的线条，其实就是黏附在纸上，细致、破裂的石墨碎片。

绿柱石

光泽和透明度

矿物可以使光线折射。光线从某种物质（空气）进入另一种物质（矿物晶体）时会改变方向。所有透明的物质都有固定的折射率，折射率低的晶体看起来没有光泽，折射率高的则显得璀璨闪亮。在德文里，眼镜叫作"Brille"，这个词源自一种透明的绿柱石（德文：Beryll），因为从前人们用雕琢过的绿柱石辅助视力。

许多矿物还具有另一种称为双折射的光学特性，一束光线会被分解成两束。如果我们把一颗澄净的方解石放在书页上，字的影像就会显现两次。

密　度

两块同样大小的矿物重量可能不同，这是因为比较重的矿物，其原子和分子的排列方式比较轻的矿物"密"。水的密度是1，因为1升的水重量恰好是1千克，而所有密度大于1的物体在水里都会下沉。重晶石的密度是4.3，这一类密度较大的矿物称为重矿物。

经过切割的钻石不只可以当作宝石，由于钻石拥有最高等级的硬度，因此也能用来切割玻璃。

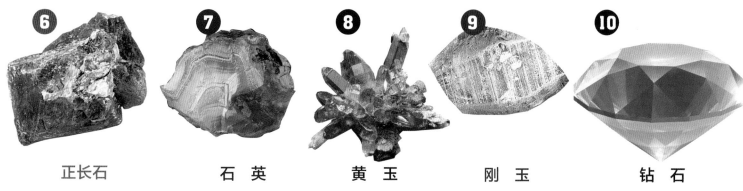

❻	❼	❽	❾	❿
正长石	**石英**	**黄玉**	**刚玉**	**钻石**
能以钢锉刀划破		这些矿物能划破窗户玻璃		

祖母绿

祖母绿属于绿柱石族宝石，被称为绿宝石之王。

克拉是什么？

古希腊、古罗马人就已经用克拉表示宝石的重量了。最早的时候，1克拉代表1种长角豆种子的重量，中世纪时则代表4颗小麦粒的重量。如今1克拉相当于0.2克。1颗1克拉重的钻石价值可达人民币几万至几十万不等。

宝 石

宝石是人类追求永恒不朽的璀璨、权力和地位的象征，皇室冠冕上的珠宝大多是宝石。

宝石具有特别的性质吗？

贵金属或稀有气体具有鲜明的化学特性，使它们和其他元素不同。宝石却不一样，宝石不是元素，我们可以利用三四种特质辨识它们，但宝石的魅力主要在于它们的美。对美的感受人人不同，那么，是什么让红宝石比河岸上寻常的乳石英更美呢？

宝石的判定标准虽然是由科学家制定的，但运用这些标准的大多是贩售宝石的商人。

宝石的硬度大多大于7。
宝石拥有绿、蓝、红、紫、粉红色等美丽的色泽。
► 由于折射率大，宝石往往晶莹闪亮。
► 稀有性和纯度也非常重要。

正确的切割

为了充分发挥宝石的高折射率，必须先将宝石加以切割，使宝石在光线照耀下，展现许多晶莹闪烁、平滑的小平面。

宝石是在哪里被开采的？

全世界重要的宝石采集点在南非、巴西（南美洲）、缅甸、斯里兰卡和泰国（亚洲），澳大利亚则蕴藏有蛋白石。

各种切割方式

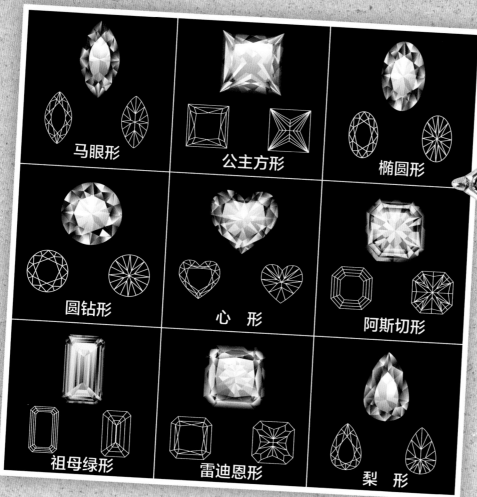

马眼形 | 公主方形 | 椭圆形

圆钻形 | 心 形 | 阿斯切形

祖母绿形 | 雷迪恩形 | 梨 形

蛋白石因为拥有会移动的色彩和光泽而深受人们喜爱。

碳需要在极高的压力下才会变成钻石，而要在地底下 100 多千米深的地方才能达到这种压力。唯有在液态岩石（岩浆）从地幔流出时，钻石才会抵达地表，因此钻石往往在火山筒开采。当蕴藏着钻石的岩石经过风化侵蚀，剩余的部分被河川冲刷时，河水也会挟带钻石，所以在河砂和砾石中也可能蕴藏有丰富的钻石。世界上已知最大的钻石来自南非，重达 3106 克拉（621.2 克）。

不只是饰物

用来切割最坚硬的岩石所需的砂轮、锯片、钻头都装有钻石粒。红宝石不易磨损，所以适合制作表的轴承。

蓝宝石

蓝宝石是刚玉宝石中除红宝石之外，其他颜色刚玉宝石的通称。

红宝石

红刚玉也叫红宝石。

矿石矿物

矿石矿物指能提取有利用价值成分的矿物。世上如果没有矿石矿物，就不会有铁路、铜电缆，也不会有自行车和铝箔纸，但是武器数量也会减少。请仔细观察周围，有哪些东西是用金属做的？

"矿石"是一个经济学概念，某个地方的矿藏是否值得开采，是个重要条件。如果开采的费用高于开采产生的价值，就不叫"矿石"。

价值成分含量高的矿石如果接近地表，就能利用露天采矿的方式，以低廉的费用开采，这类大型采矿场外表就像阶梯状的巨大坑洞。至于地下矿石就必须在矿井下开采了。

实验器材的外壳。

王水是什么？

王水是把盐酸和硝酸以三比一的比例混合而成的溶液，这种溶液连金属中的"王者"黄金和铂都能溶解。

铁的力量

人类史上大概没有比铁更重要的金属了。如果说金是王者的金属，那么铁就是战争的金属，后来更成了工业的金属。但在人类学会从岩石中大量熔炼出沉重又坚硬的铁以前，铁是一种神圣的金属。在古代美索不达米亚

金 脉
黄金可能存于矿脉或是河流里。黄金矿脉大多存在于蕴含自然金的石英岩脉中。

贵金属——金、银、铂

贵金属不易生锈，也不易和其他元素产生化学反应，它们在大自然中便以纯净的形态存在。贵金属比锡、铁等金属昂贵、稀少。银矿石所含的银大约占五分之一，首先将银矿石磨碎，搅拌成浆，再以有毒的氰化物溶液将银析出。铜和铅的矿石也含有少量的银。

铂又叫作白金，是一种贵金属。铂和黄金同样耐久不坏，但比黄金硬多了。铂可以做成珍贵的首饰或钢笔笔尖，也能作为火箭或化学

地区，人们只知道陨石中所含的铁，所以他们把铁称为"天上的铜"。在公元前3100年左右，人们把这种难以取得的金属加工制作成首饰和祭祀器具。

铁器时代

铁器时代是以铁这种灰色金属命名的，小亚细亚东部的铁器时代大约始于公元前1400年，欧洲的铁器时代则始于公元前1000年左右。铁器时代接替了青铜器时代，

外行人往往误把黄铁矿当成黄金。

自然形成的金块，俗称"狗头金"。

青铜是铜和锡的合金，这两种金属都比分布广泛的铁矿更难取得。铁具拥有一大优点，它不必和其他金属混合就能制作斧头、钉子、镰刀或犁等沉重的农具，当然也能打造成刀剑等武器或头盔。

铁的问题在于，它要在1500℃的高温下才会熔化成液体。人们会将铁加热直到铁变软，再捶打成形。

轮斗挖掘机以巨大的铲头开采露天矿场上的褐煤。这种挖掘机视大小而定，重量从6000吨到1.4万吨，长约200米。1个铲头可以容纳得下1辆车。

商周时期高度发展的青铜冶铸业，从生产能力到矿石燃料整备、筑炉、制范技术，为铸铁技术的发明和迅速发展提供了前提。铁矿石由竖炉熔炼，得到铁水后直接以陶范铸造。

位于德国萨克森州与波希米亚地区之间的厄尔士山脉是相当重要的矿区。16世纪时，学者格奥尔格乌斯·阿格里科拉（1494—1555），这位"矿物学之父"就在这里从事研究，他的著作使采矿业成为一门基础科学。19世纪工业革命兴起，碳和比铁更硬的钢，再度改变了世界的样貌。

传说亚瑟王的神剑——王者之剑，是由陨铁打造而成的，一般认为这种来自天际的金属富有神奇魔力。

大惊奇！

纯铁没有气味。当我们碰触到铁时，我们的汗水和皮脂会和铁发生化学反应，形成一种金属气味。如果把血涂抹到皮肤上，味道也类似，因为血液里同样含有铁。

美国的淘金热

4 碾 磨
　　骡子拉动磨盘，将含有黄金的石英岩碾碎。

　　19 世纪中叶，美国加州的沙加缅度河一带兴起了寻金的热潮，由此带来了一股移民潮，从美国各地与亚洲涌入众多的淘金客，但只有极少数的人因此发财。随着时间过去，寻找黄金需要的时间和设备越来越多，其中确定能赚到大钱的是贩卖设备的商人。黄金是加州移民潮的动力，如今加州也跃升为美国最富有的州之一。在移民潮的巅峰时期，平均每天要建造30 栋房屋。

沙加缅度河

1 扎营住宿
　　恶劣的生活条件导致许多工人死于瘟疫和其他疾病。

2 徒手工作
　　工具和资金匮乏，不论什么事几乎都得依赖双手完成。

5 秤
　　把碎石装进淘金摇篮里，用手柄摇动摇篮，接着加水将砂粒冲掉，黄金密度比砂粒大，所以会留在间格里。

3 淘金盘
　　摇动淘金盘可将黄金和沉积岩块分离，黄金可利用重量测定。

1848年
　　1 月 24 日，詹姆士·马歇尔为他的老板约翰·撒特建造一座锯木厂时，在沙加缅度河畔发现了黄金，从此改变了加州的历史发展。

移民潮
　　1848年，加州有1.5万名居民，4年后人口增为22万3856人。

美利坚合众国（美国）
加州，沙加缅度河。

⑧ 洗金槽
　　水流经渠道，渠道上设有与水流方向垂直的沟槽（障碍）用来拦截黄金，其他物质则会被水冲走。

100个
洗金槽有时是一名淘金客就拥有的数量。

干涸的河床

⑨ 斜坡
　　水把黄金留在有凹槽的底部。

铲取碎石的男人

⑥ 中国工人
　　中国工人提供了大部分的人力。

16美元
是一块土地的价格，18个月后涨为4.5万美元。

⑦ 土壤里的黄金
　　黄金也会以粉屑、块金的形式沉积在干涸的河床或岩石碎块中。

⑩ 回流
　　淘洗过黄金的水会被引回原来的河川。

1852年
　　地表的黄金被挖掘光了，需要采用比较复杂的技术加以探勘，利用液压式机具、以高压水柱获取黄金，淘金客也摇身一变成了矿工。

岩石的变迁

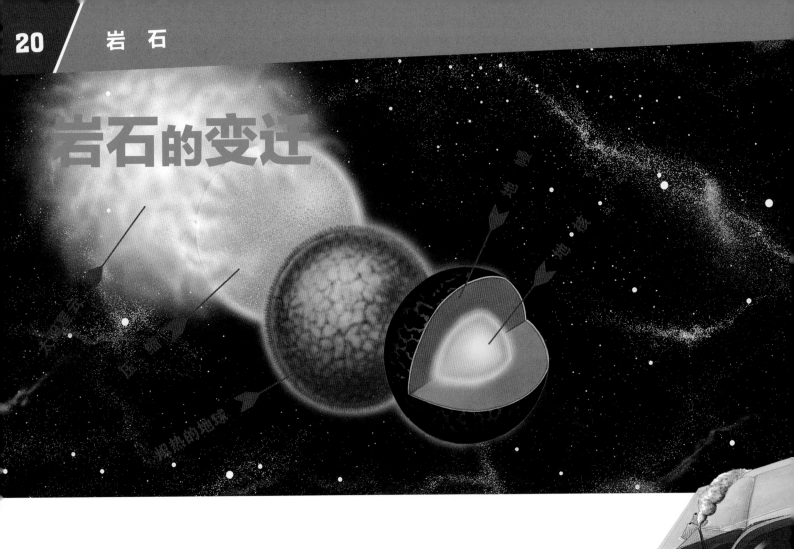

46 亿年前，地球形成，她起源于原始太阳星云，这个由密度较低的炽热物质组成的球体围绕着太阳运转，而它的组成物质也因为重量不同而分离。其中沉重的液态铁形成地球的核心；比较轻的元素，例如氧、硅、铝、镁等，则构成地幔。这 4 种元素占了地球质量的 80% 以上。经过了几千万年，地球逐渐冷却，表面也逐渐凝固，液态的岩石开始结晶。我们在北美洲发现了年龄约为 41 亿年的古老岩石。一直到距今 25 亿年前为止的太古宙末期，这类地质变迁的过程仍不断进行，并且对地貌带来重大的影响。直到如今，这种变迁仍在持续进行。

45亿年

冥古宙

地球形成

38亿年

太古宙

变质岩构成的克拉通
（大陆核心地区）

16亿年

中元古代

条状铁层

5.42亿年

寒武纪

贝壳类或甲壳类海生动物
（石灰岩山脉）

岩浆在地表凝固，形成海洋地壳，海洋地壳冷却后会再次沉降回地球内部。

地球表面的温度降到 100℃以下时，原来包围着地球的蒸气层开始降水，科学家推测，在长达约 4 万年的时期里一直下着大雨并形成了海洋。

板块运动——地球是一成不变的吗?

虽然地球直到外核都凝结成固态了，我们还是能测量地球表面的运动，这是因为薄薄的地壳分为六个大板块和超过 50 个较小的板块，

这些形成大陆和海洋的板块就像浮冰般，漂浮在黏稠的地幔上。一旦板块的边缘相互碰撞，彼此会相互挤压，往往容易形成地震。这种现象就叫作板块运动。

海洋地壳为主的板块与大陆地壳为主的板块

所以地壳并不稳定，固态的岩石较重，因此会沉降到地球内部，并且在那里再度熔化。这种过程发生在大洋中脊，例如大西洋中脊。当新的地壳形成时，会把原有的板块推挤开，由于地球的大小不会跟着增加，所以新的地壳形成时，原来较古老的地壳就必须消逝，这时较重的板块就沉降到地球内部。如果较厚的板块（通常密度较小）和较薄的碰撞，较厚的板块会移动到较薄的板块上方，把较薄的板块往下压，这种地区称为隐没带。

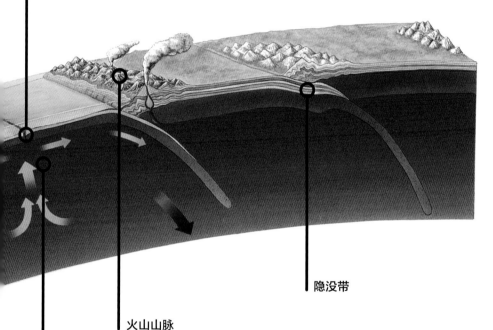

隐没带

火山山脉

上升岩浆

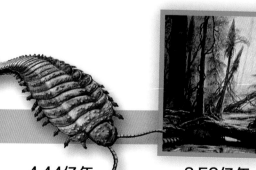

4.44亿年
志留纪
生物登上陆地（化石）

3.59亿年
石炭纪
热带森林
（煤炭、石油）

1.455亿年
白垩纪
恐龙灭绝
（白垩沉积物）

2300万年
新近纪
山脉：喜马拉雅山脉、阿尔卑斯山脉、内华达山脉

250万年
第四纪
冰河时期

火成论和水成论

　　从前人们认为岩石是在海洋沉积而成，或是由火山熔岩形成的，因此形成"水成论"（英文：Neptunism）和"火成论"（英文：Plutonism）两派。尼普顿（Neptun）是海神，普鲁托（Pluto）是冥王。

岩石的种类

　　岩石是由很多种矿物组成的，根据岩石的形成方式，可以将岩石分为3大类：

▶ 岩浆岩（又分为火山岩和深成岩）
▶ 沉积岩
▶ 变质岩

首先介绍岩浆岩与岩浆岩的成因。

　　岩浆是来自地球内部，炽热、熔化的液态岩石。岩浆冷却、凝固后形成的岩石称为岩浆岩。留在地壳深处的被称为深成岩，涌到地表后形成的称为火山岩。

　　形成深成岩的岩浆通常位于地球的3种地带：大洋中脊、附有火山带的隐没带，和大陆地壳为主的板块互相碰撞形成的高山。

岩浆是怎么形成的？

　　越靠近地球中心，温度越高：每深入地壳1千米，温度就会上升25℃到70℃（所以进入位于地底深处的矿井，我们很容易就会冒汗）。在地底400千米深的地方，温度已经超过1600℃，一个"被吞噬"的板块在这种深度会开始熔化，这样形成的岩浆会比周围的岩石轻，所以又可以再上升到地壳，并且成为岩浆，或是经由火山喷发成为熔岩。

火山岩

　　火山使我们见识到地球内部的炽热和化学过程，分布最广泛的火山岩是颜色介于深灰到

变质岩在高温高压下形成。

岩石在800℃时会熔化，再度成为岩浆的一部分。

如果火山熔岩在流出地表时冷却形成一层壳，而下方有流动的熔岩推动这层壳，就会形成绳状熔岩。

地壳的厚度

大陆地壳的平均厚度在 30 到 40 千米之间，某些地区甚至可达 80 千米。

水压的作用使沉积物层层堆积，形成岩石。

岩浆上升到地表，冷却后形成火山岩。

辉长岩可用来铺设道路或是作为火车轨道上的碎石。

闪长岩可用在建筑物表面或是当作墓碑。

黑色之间的玄武岩。玄武岩含有丰富的铁和镁，能使土壤变得非常肥沃。海洋底部也是由岩浆溢流到大洋中脊形成的玄武岩构成的。

深成岩的类别

岩浆在地底深处冷却、结晶，首先会形成熔点较高的矿物，最后才是熔点低的。黏稠状的岩浆温度高达 1200℃，凝固的岩浆为 500℃，所以各种矿物形成的顺序如下：

1. 橄榄岩，接下来是长石和辉石（熔点超过 1000℃）。

2. 角闪石、黑云母、白云母。

3. 石英和正长石。

依据结晶的顺序形成三种重要的深成岩：

1. 由橄榄石、长石与辉石等组成深色、坚硬的辉长岩。

2. 由长石、角闪石与黑云母等组成的闪长岩。

3. 由长石、石英、黑云母与白云母等组成的花岗岩。

附有锰铝榴石的烟水晶。

沉积岩

和动植物的生命相比，岩石似乎可以永远存在，但岩石其实非常敏感，很容易受到风、水和阳光的伤害。坚固的矿物和深成岩碎裂后，甚至会形成一群新的岩石。"沉积岩"（英文：Sedimentary rocks），"sedimentum" 在拉丁文里是"沉淀"的意思，所以我们把一层层沉降累积的岩石称为沉积岩。形成沉积岩的主要原因在于水的力量在持续作用。

沉积物是怎么来的?

让我们以花岗岩为例吧！花岗岩是由云母、长石和石英等组成的，当花岗岩从地底深处来到地表，在山中历经风吹雨打，在四季的更迭中，经过数千年阳光、寒霜和雨水的侵袭，结果会怎样？花岗岩风化了。风化作用可以把坚固的岩石碎裂成小碎片，另外，有些矿物，尤其是盐和石膏还会被水溶解出来。风和水把受到风化的岩石带走，强大的水力能搬运大岩块，而流速比较缓慢的河川则只能搬运较小的石子。另外，河川还把溶解出来的盐带到地下水和海洋里。

搬运路径会带来什么影响?

在河边，我们看到的石头通常是圆滚滚的，几乎看不到有棱有角的，这是因为岩块在河床上彼此不断摩擦，变得越来越小。其中粗大的称为卵石和砾石，细小的是砂，而最细小的则是黏土。河川的流速越慢，搬运力就越弱，所以最先留下来的是卵石，接着是砾石，最后河川搬运的就只剩砂和黏土形成的悬浮粒子了。而搬运的过程也会改变岩石粒子的成分。让我们再以花岗岩作为例子：风化作用使花岗岩碎裂成砂，而硬度不同的各种砂粒在河水里相互摩擦，石英（硬度7）将长石（硬度6）磨碎，使长石更快被磨成最微细的黏土粒子，接下来轮到云母，最后留下来的则是石英砂。

化学性与生物性沉积岩

由母岩风化产物中的溶解物质通过化学作用沉积而形成的岩石是化学性沉积岩，其中最重要的是石膏和岩盐。岩盐由海水结晶而成。另有小到用显微镜才看得见的动植物残骸生成

由于坡度陡峭，山区河川流速可能很快，能搬运更大的岩块和卵石。

花岗岩　石英　云母　长石

花岗岩的风化

在阳光下，深色的云母比浅色的长石更迅速升温，同一种岩石中，不同矿物升温速度的差异形成张力，使岩石崩裂，花岗岩于是逐渐碎裂成细小的颗粒，形成裂隙。

河床里水流速度已经变得比较缓慢，搬运力减弱，所以岩石和卵石会堆积在河床上。

是砂还是石？

没有固结在一起的砂粒称为松散沉积物，而砂粒彼此固结的过程，称为成岩作用。

在整段旅程的最后，河川还把砂和细微的黏土带进海中淤积。

的沉积岩，也就是生物性沉积岩。

贝壳是由碳酸钙组成的，如果有许多贝类被冲刷而聚集并且胶合在一起，就会形成石灰岩。珊瑚也是厉害的建筑师，能建造珊瑚礁。

不论是英国的多佛白崖或是德国吕根岛上的石灰石山崖，都是由微小的方解石碎片（颗石藻片）形成的。颗石藻片是由一种原始藻类解体而成的。

珊瑚礁是热带鱼的育婴室和新岩石的温床。

变质岩

如果岩石会说话，变质岩也许会诉说特别动听的故事。它们就像经过地球巨大力量的揉捏，从变质岩（英文：Metamorphic rocks）的名称就看得出它们的经历，因为拉丁与希腊文组合而成的词"Metamorphose"，意思是"改造"与"变化"。

经由高压、高热形成

变质岩是由原来的岩石——岩浆岩或沉积岩，再度经历高温或高压而形成的，这时候原岩的形态虽然改变，但还没有熔化。

例如位于地壳深处的深成岩上升时，会挟带着高热，致使所有它碰触到的岩石受热而产生变化。遇到高热时，内部的某些矿物会继续生成，另一些则会重新组成，这种继续生成或是再结晶的作用，会使原来的岩石变成变质岩。如果原岩沉降到较深的地方，压力和温度也会随着改变，例如在某些隐没带，地壳就深入地球内部达 400 千米。

当大陆地区为主的板块相互碰撞时，部分地壳会相互挤压重叠，产生极大的压力。另外，山脉的压力也会使岩石变形。但温度如果升得太高，岩石就会再度熔化成为岩浆。

就科学观点来看，大理石是石灰岩受到高温再结晶而成的，主要的矿物成分是方解石、白云石和文石。

珍贵的大理石

开采自意大利北部卡拉拉镇的大理石特别出名，大理石是雕刻家喜爱的材料，也是豪宅不可或缺的建材。开采大理石非常费工夫，因为大理石必须加工成大岩块或石板，如果使用炸药，会破坏太多珍贵的大理石，所以必须从采石场切割出来。

板岩会倾斜吗？

板岩的确有点斜斜的，因为片状矿物在某个特定方向受到压力时，会沿着阻力最小的地方生成，而新生矿物生成的表面称为"劈理"。

大惊奇！

一根小小的绳子就能把一座山锯穿？人们利用绳锯把大理石块锯成小块，绳锯的钢绳上大约每隔3厘米就有一个镶有钻石的环。

煤与人类

如果说煤对人类的科技文明有着重大的影响，这种说法一点也不夸张。有了煤这种暖气和能源的供应者，我们才能广泛地把存在于矿石里的各种矿物开采出来。石油也许是 20 世纪的黑金，但早在 18 世纪，煤就在英国宣告工业时代来临了。不过，这两种化石燃料如今却造成了气候问题，因为燃烧煤和石油会产生温室气体二氧化碳，而二氧化碳会在大气中累积，导致地球暖化。

煤是什么时候形成的？

巨大的烟煤矿床是在 2.8 亿到 3.6 亿年前形成的，褐煤形成的年代就晚多了，不过才 250 万到 6500 万年前。烟煤形成时的地质年代被称为石炭纪（英文：Carboniferous），这个名词源自拉丁文的"Carbo"（煤）。如今的德国在石炭纪时期看起来大约是这样的：沼泽、低洼的酸沼和林木高大茂密的原始林交替出现，由于经常下雨，到处遍布着高达数米的蕨类植物和草本植物，气候湿热，犹如热带雨林。

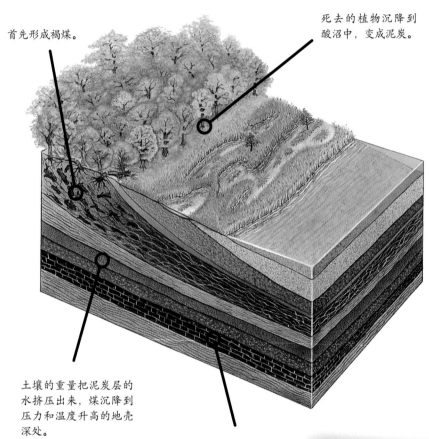

首先形成褐煤。

死去的植物沉降到酸沼中，变成泥炭。

土壤的重量把泥炭层的水挤压出来，煤沉降到压力和温度升高的地壳深处。

煤质成分逐渐增多，最后形成烟煤。

煤是怎么形成的？

在千百万年间，有无数的植物生长、死亡，一般来说，动物、真菌和细菌会分解死去的植物，使植物腐烂。也就是说，需要氧气维持生命的细菌会把植物性物质分解成微小的化学成分。

狭窄又黑暗的矿坑里往往只容纳得下儿童行动。

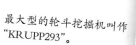

最大型的轮斗挖掘机叫作"KRUPP293"。

但是在煤矿形成的地区则不同，以如今德国的下莱茵为例：那里蕴藏着欧洲最大的褐煤矿，这个矿床大约有3000万年的历史。当时海水淹没了整个下莱茵湾，后来海水慢慢退却，留下卵石、砂和黏土，形成沼泽和大片的泥炭沼。死去的植物沉入沼泽，不会再接触到氧气。

它们没有腐烂，而是变为泥炭。这种过程一再重复，经过了数千年，黏土和卵石层层淤积，接着又是植物残骸。就这样，形成了和岩层平行的沉积煤层。

➡ 世界纪录
100 米

一些位于德国中莱茵、下莱茵地区的褐煤矿层，厚度甚至达到100米，它们是在12.5万到25万年间形成的。

知识加油站

▶ 款冬是唯一能在纯褐煤层上生长的植物。

▶ 从前矿井里的煤由马匹运送，在矿井下甚至设有阴暗的马厩。

采矿业的今与昔

从前，矿工用十字镐和铲子开采煤矿，如今则以大型切割机铲挖煤层。

矿场 与 矿藏

硅

硅蕴含在海滨的沙子里——化学家把这种沙子称为硅砂。除了海滨以外,有些露天矿场也能开采硅砂,把硅砂放在巨大的炉子里加热、纯化,直到提炼出纯硅来。硅沙是制造玻璃的主要材料。

北美洲

加拿大的戴维克矿场

戴维克位于加拿大西北部,距离北极圈大约只有 200 千米远。这座钻石矿场在 2003 年才开始启用,每年开采的钻石超过 1600 千克,也就是 800 万克拉。这里终年需要以飞机出入,只在冬季的两个月时间里载货汽车可以行驶:提比特·康特沃伊托冬季道路是世界上最长的冰封道路,全程几乎都在结冰的湖泊上。

南美洲

大惊奇!

2010 年 8 月,在智利圣河塞铜矿,33 名矿工被掩埋在 700 多米深的地下。他们逃到一个小小的避难处,忍受了两个多月的地底生活后才获救。

犹他州的宾汉铜矿场

美国犹他州的奥克尔山脉有座全世界最大的矿场:到 2004 年为止,位于这里的宾汉铜矿场总共开采了 1540 万吨的铜矿,总共有 1400 人在当地工作。这处矿坑深 1.2 千米,宽 4 千米,是全世界产量最丰富的矿场之一。

基律纳：瑞典的铁矿场

位于瑞典北部城市基律纳（也是个看北极光的好地方）的瑞典 LKAB 铁矿是世界第六大铁矿，但却是世界一流的高效率高品位的铁矿，它每天的铁矿石产量炼成钢铁可建造六座埃菲尔铁塔！由于铁矿埋藏得很浅，它从 1900 年就开始以露天开挖为主，后来为保护矿区自然生态，逐渐改为向地下发展，使得自然生态得到了很好的保护。

维利奇卡盐矿场

盐也是在矿场开采的，波兰克拉科夫附近的维利奇卡盐矿场如今已经成了旅游景点，并且被联合国教科文组织认定为世界文化遗产。这处矿场可说是一座地底迷宫，甚至可以让人在里面过夜。直到如今，维利奇卡盐矿场仍然持续开采最优质的盐。

➤ 你知道吗？

从前，矿业人员会观察岩石和植物，以便寻找天然矿藏。海乳草喜欢盐地，而堇菜类植物生长的地区表示该地锌的含量高，长有苔藓表示当地有铜矿。

欧洲

亚洲

非洲

澳大利亚

南非的"大洞"矿场

"大洞"矿场指的是位于南非的金伯利矿场，自 1871 年到 1914 年，这里持续开采钻石，总重量达 2722 千克，大约相当于 1361 万克拉。"大洞"往往被说成是人工挖掘的最大矿坑。

澳大利亚铝土矿场

澳大利亚开采的铝土矿数量高居全球第一，接下来则是中国、巴西、几内亚和牙买加。在这里，铝土矿这种沉积岩是露天开采的。从铝土矿提炼出铝需要耗费许多能源，也会产生大量破坏环境的废弃物。

石器时代
的文物

黏土做成的容器能保护谷物避免被老鼠啃食。

人类最早的历史始于石器时代。石器时代在大约 260 万年前起源于非洲，这个时期的特征是人类开始使用石制器具，而石器也是全世界目前所发现最古老的工具。

实用和美丽的石器

碾磨和切割、刮削同样重要，而做这些事还有什么比石磨更合适的呢？

石器时代的人类利用石磨把野生谷物、矿物和赭石等颜料研磨成粉末。赭石可以制成从黄到红褐色调的矿物颜料，而洞穴绘画除了使用赭石颜料，还利用铁锈画出红色调，使用木炭制作黑色颜料。

另一种人类已经开始运用的矿物群是黏土矿物，利用颗粒细致的泥壤可以做成许多家用器物，例如饮器、壶罐或首饰等。这些黏土制成的物品经过干燥、燃烧，就不会被水泡软了。

当人类学会如何利用含有金属的岩石，也就是矿石时，石器时代就结束了。这种新金属开启了令人难以想象的可能性，铜与锡开启了青铜时代。新石器时代的冰人奥茨在他的行囊里已经带着弓箭和一把铜斧了。

箭头和石斧都是石器时代"工具箱"里常见的物品。

举世闻名的巨石阵

巨石阵大约在公元前 4000 到 2000 年间形成。

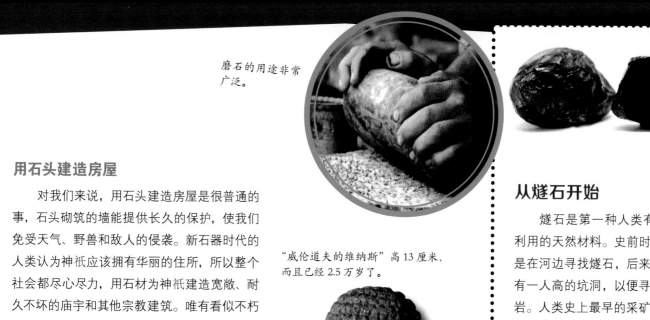

磨石的用途非常广泛。

用石头建造房屋

对我们来说，用石头建造房屋是很普通的事，石头砌筑的墙能提供长久的保护，使我们免受天气、野兽和敌人的侵袭。新石器时代的人类认为神祇应该拥有华丽的住所，所以整个社会都尽心尽力，用石材为神祇建造宽敞、耐久不坏的庙宇和其他宗教建筑。唯有看似不朽的石材，才能彰显他们对神祇崇高的信仰。

某些民族的人们，例如迈锡尼的希腊人或秘鲁的印加人，不需要灰浆就能把石材堆砌得严严实实。

"威伦道夫的维纳斯"高 13 厘米，而且已经 2.5 万岁了。

从燧石开始

燧石是第一种人类有目的寻找、利用的天然材料。史前时期，人类先是在河边寻找燧石，后来也挖掘深度有一人高的坑洞，以便寻找燧石沉积岩。人类史上最早的采矿工作就这么诞生了。敲击燧石会产生火花，而加工过的燧石则会碎裂形成锋利如刀的棱角。利用这种"石器时代的钢铁"可以做成手斧，用来劈凿、切割、刮削。青铜时代以前，欧洲许多地区都在露天矿场采集燧石再加工处理，或是用来交换其他物品。

洞穴壁画

最古老的洞穴壁画距今大约 3 万年，研究人员百思不得其解的是，为什么画上有马、鹿、牛等动物，却从没出现过甲虫、树木或太阳？

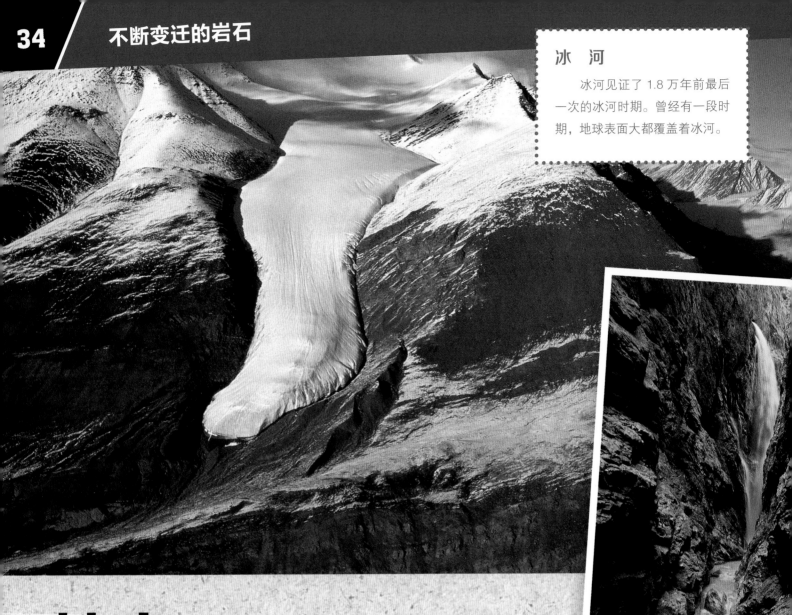

冰 河

冰河见证了 1.8 万年前最后一次的冰河时期。曾经有一段时期，地球表面大都覆盖着冰河。

雪融时，山区河川挟带着许多碎裂的岩石。

地表——活跃的外壳

侵蚀作用是什么？

月亮上没有大气层，没有空气可供呼吸，没有风，没有天气变化，尤其没有水，所以不会像地球一样，产生持续改变地貌的侵蚀作用。

岁月使地球上的岩石受到破坏，在地表上形成奇特，而且通常相当壮丽的新景观。在介绍沉积岩时，我们说过风化作用能把最坚硬的

阿波罗 11 号

德国的摩泽尔河：流速缓慢的河流一般大多蜿蜒流经平坦的地区。

过了 40 多年，航天员巴兹·奥尔德林在月球表面留下的鞋印依然还在。

岩石裂解成碎片，侵蚀作用则将风化碎解的物质加以搬移，所以需要空气或水等流动的媒介。河川从上游发源地蜿蜒奔流向海，在它们的作用下会形成越来越深的"V"形河谷。

　　冰河犹如一条长长的冰舌般缓缓移动，但产生的侵蚀作用却很彻底。在高山地区和极地，终年温度都够低，所以还能形成冰河。冰河向下移动的速度一年只有几米，但是沉重的重量和宽阔的冰雪会把山脉刻磨出一条"U"形山谷。另外，海水也不断侵蚀着陆地，特别是在陡岸地区，汹涌的波浪挟带着海水和许多小石头拍打海岸，蚀空峭壁，最后使峭壁崩塌，而碎裂的物质又堆积在峭壁脚边。当风大面积吹过沙漠，就像个巨大的喷砂机一般，而风所挟带的砂粒，连坚固的岩体都会被它们磨碎。

树根如果长进岩石缝隙，就可能使整块岩块迸裂。

球状风化是什么？

　　它们看起来就像舒服的床垫，但材质却是花岗岩、片麻岩或是结实的砂岩，这些是经过球状风化作用后残留的岩块。这种风化作用从地表下开始，最后剩下磨去棱角的石块。首先岩体出现许多细小的裂隙，酸性的水经由这些缝隙渗入岩石里，逐渐将岩石碎解。这些缝隙往往以接近直角的角度纵横交错，经过一段时间，所有棱角逐渐被磨圆，碎片被冲刷掉或吹走，剩下的就是这些"床垫"。

滴水成石

德国教师法伍特于 1834 年外出采集药草时，拨开灌木丛，发现有一撮小石子滚落到一处岩石裂口里。他从裂口上方向下察看，放在背心口袋里的鼻烟盒却滑落了下去。隔天，法伍特和几位朋友共同开辟出一条路，前往可能有洞穴的地点，结果发现了士瓦本山两座相连的洞穴：卡尔斯窟和熊窟。熊窟是个钟乳石洞，这里曾经发现过 2 万年前遗留下来的洞熊骸骨，因此叫作熊窟。

钟乳石是怎么形成的？

德国有山有海，拥有包括钟乳石洞在内的丰富景观供人观赏。德国的钟乳石洞大多位于南部和中部，因为这些地区的土壤含有许多会溶解在水里的石灰。

雨天，雨水渗入地表时会吸收二氧化碳和各种酸，形成碳酸，这种含有碳酸的水会慢慢把石灰岩里的碳酸钙溶解出来。当饱含碳酸钙的溶液来到洞顶，就会经过岩石细缝滴落，这时会接触到空气，并且释放出二氧化碳。

哪里会形成钟乳石洞？

有着渗水性、多孔性岩石，如石灰、盐或石膏的地区称为喀斯特地形。这种地区，雨水能渗透到地底深处，岩石长期受到冲蚀，形成地底洞穴。在欧洲，德国的施瓦本山和位于法国的侏罗山等地都可见到喀斯特地形。

➡ 你知道吗？

在中国，钟乳石主要分布于岩溶地貌发育较完全的广西、广东、浙江一带。由于形成于条件特殊的溶洞中，恒温恒湿，没有经历过日晒风化，所以形体都保存得较为完好精巧，表面呈葡萄、核桃壳、灵芝、浪花等形状，造型千姿百态。钟乳石颜色有白、棕黄、浅黄、青、琥珀色等。

大开眼界

通心面

　　德国人把洞穴顶部快速生成的石灰细管叫作"通心面"。

➡ 世界纪录
7 千米

　　德国的阿滕多恩地区有座将近7千米长、名为"阿塔"的洞穴，是德国最大的钟乳石洞。

前往未经人类发现的钟乳石洞对潜水的人非常危险，那里非常黑暗，有时潜水人士甚至无法浮出水面。

　　这种不再呈酸性的水蒸发后，留下来的是薄薄的石灰层。饱含石灰的溶液一滴一滴落下，沉积成一层又一层薄薄的石灰层，经过几千年，就形成了钟乳石。重要的是，渗漏出来的水必须是滴落，而不是流下来的，否则就无法形成美丽的钟乳石形状了。

石笋和石钟乳

　　水珠从上方向下滴落，钟乳石也分别从上方、下方生成。悬挂在洞穴顶上的是石钟乳，从洞穴底部向上生成的则是石笋。如果石钟乳和石笋碰触，连接成柱状，就称为石柱，但石柱相当少见。石钟乳和石笋的差别，我们可以这样来区分："像钟吊挂的是石钟乳，像笋长高的是石笋。"

钟乳石长得多慢？

　　一般说来，每100年钟乳石大约可生长8到15毫米，不过影响的因素很多，不同的钟乳石和不同的洞穴各不相同，要看溶解在水中的石灰，还有滴落下来的水有多少。除此以外，温度也非常重要，因为水如果冻结，就滴不下来了。

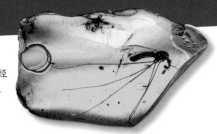

包裹在琥珀里的物体是历经千百万年，保存完美的化石。

化石——灭绝，但没有消失

沉积岩是地球上死去生命的见证者，沉积岩中大多埋藏有石化的远古时代的动植物残骸，也就是化石。不只生物残骸，包括远古生物遗留下来的生活痕迹，例如石化的脚印、窝巢、排泄物等也都属于化石。研究远古时代地球上生物形态的科学，称为古生物学。

玛丽·安宁——化石猎人
（1799—1847）

对她来说，挖掘、收集化石并不是为了兴趣。父亲很早就过世，为了赚取自己的生活费用，她经常前往英国西南边的海滩挖掘化石。收集恐龙化石在 18 至 19 世纪交替时曾风行一时，所以玛丽可以把她挖掘到的化石出售给从事研究的人。

玛丽·安宁天资聪颖，有 3 副古生物学

史上非常重要的化石是她挖掘到的：在她年仅 12 岁时，就发现了一具完整的鱼龙化石，后来更发现了一具蛇颈龙化石和一具双型齿翼龙化石。虽然没有正式上过学，她却能准确地描绘、描述她发现的化石。她发现的化石证明动物种类是会灭绝的，在那以前，人们认为和人类发现的动物化石相同的动物，仍然还活在地球上某个无人知道的地方。

化石是怎么形成的？

世界上已经灭绝的动植物种类高达 10 亿多种，如果没有化石，我们对它们就一无所知，而不同的化石形成的过程也各不相同。

如果有个螺壳塞满了淤泥，淤泥凝固后，螺壳就像个铸模，即使螺壳分解掉了，石化的淤泥仍然能把螺壳的形状保留下来。

贝类、海胆和珊瑚的外壳会变成化石，而他们坚硬部位的方解石或文石经过一段漫长的时间会转变成钙质晶石。树脂滴淌，有时候会把黏附在上面的动物或植物种子包覆起来，等到树脂凝固，成了透明的琥珀，这些动植物化石就留存在里面。另外，碳化作用（尤其是植物的碳化作用）也可能形成化石。

玛丽·安宁

菊石化石：菊石是如今鹦鹉螺的亲戚。

玛丽·安宁发现的
第一副蛇颈龙亚目
的化石。

化石是怎么形成的？

化石大多在海里形成，因为海里的黏土和
砂粒能迅速包覆那里的生物。

海生爬行动物死后，尸体会下沉到海底
腐烂。

菊 石

菊石是重要的化石群，这种海生动物背着
一种硬壳，和如今的乌贼类似。菊石的外壳大
小通常介于 1 到 30 厘米，已知最大的壳直径
达 1.8 米。菊石栖息在海洋里达 3.5 亿年，这
种和恐龙同时代的动物，灭绝的时间也和恐龙
差不多，约在 6500 万年前。

骨骸被层层砂粒和淤泥掩埋。

三叶虫

有了三叶虫化石的帮助，我们
甚至能了解活在 5 亿多年前的生物
外表如何。这种小动物拥有坚硬的
甲壳，外形类似远古时代甲壳亚门
的动物。如今古生物学家所知的三
叶虫已经超过 6000 多种。

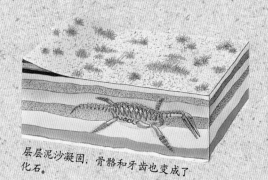

层层泥沙凝固，骨骼和牙齿也变成了
化石。

指准化石是什么？

科学家往往借助岩层里的生物
有机体来判断沉积岩的年代。例如
我们知道长毛象曾经生活在
冰河时期，那么如果

我们发现了长毛象的骨骼，骨骼所在的岩
层应该就是在冰河时期形成的。指示地球
某一时期的化石，就是指准化石。

珠穆朗玛峰的山顶也找得到海
生动物的化石，这证明了珠穆朗玛峰
的山顶原来在海中，后来才慢慢上升
到海平面以上 8000 多米的高度。

岩石和晶体形成 的自然奇景

在世界各大洲我们都能观赏到岩石和矿物晶体展现的真正奇迹。岩石受到风化和侵蚀作用，形成奇特迷人的形状；而晶体则需要充裕的空间和时间，以便隐秘地长成令人赞叹的美貌与大小。风、水和砂在全世界都创造出鬼斧神工的作品来。

北美洲——
美国：羚羊峡谷

位于美国亚利桑那州北方的羚羊峡谷狭窄而壮丽，这里终年气候干燥，但每逢下雨，丰沛的水便从羚羊溪奔流到峡谷。水经由细微的缝隙渗入砂岩里，冲蚀着砂岩，于是形成了羚羊峡谷。

欧洲——
北爱尔兰：巨人堤道

大约6千万年前有座火山爆发，火山熔岩形成了巨人堤道。侵蚀作用早就把当年的火山蚀平了，但如今，当地的峭壁上却遍布着大约4万根玄武岩柱。地质学者认为熔岩能够极为缓慢又均匀地冷却，冷缩后的玄武岩产生许多竖直的裂缝。传说这个堤道是爱尔兰的巨人芬·麦库尔为了能去和他的苏格兰仇敌芬·盖尔决斗而建造的。

这些柱子大多呈六角形，有些也呈八角形。

风的作用对峡谷壁进行了修饰。羚羊峡谷色彩变幻莫测。

卡帕多西亚的精灵烟囱高耸参天，高度可达30米以上。

欧洲——
土耳其：精灵烟囱

数亿年前，卡帕多西亚地区的艾尔吉耶斯火山喷发，火山喷吐的熔岩改变了周围的地形。经过了千百万年以后，喷出来的物体凝固，经过风化作用后形成了精灵烟囱。

卡尔鲁卡尔鲁是球状风化作用的产物。

这里可以看到贝类、珊瑚和鲨鱼牙齿的化石。

非洲——
埃及：白沙漠

白沙漠位于埃及西部法拉法拉绿洲，这里散布着突兀的石灰岩块，仿佛雪雕一样。8千万年前地中海还覆盖着如今的这片沙漠，浮游生物淤积，最后石化，成了石灰岩。

澳大利亚：
魔鬼的弹珠

许多高达6米的球状花岗岩分布在澳大利亚的沃可普，仿佛有只巨大的手将它们撒落下来。当地原住民称这些魔鬼的弹珠为"卡尔鲁卡尔鲁"，这些球状花岗岩也是他们的圣物。全世界其他地方都看不到这么多经过风化的圆形大岩石。

地质学者的工作是什么？

打击面
这个粗钝的打击面是以特殊钢制成的，能清除松动的石块。

我们生活在地球上并且依赖地球生存。我们生活在一层浅薄而且会移动的岩壳上，生活在敏感的大气层里。而从我们所站立的地表到地心，距离大约 6400 千米，看起来这似乎是一个取之不尽，用之不竭的空间，但生物只能生活在地表大约 20 千米深的地层，这个深度大约是从深海海沟到喜马拉雅山顶。

现代地质学的研究对象

如今的地质学家把地球看成一个全球性的生态系统，在这个系统中，生物（植物、动物、人类）与非生物（矿物、岩石、空气和水）彼此影响，所以如今的地质学家和生物学家与生态学家的合作越来越密切，他们一起努力，为人类在地球的未来相关的急迫问题寻求解答，而地质学家的工作领域，就和这些问题所牵涉的层面同样广泛。

中国自然资源及利用的基本特征是资源总量丰富但人均少，资源利用率低且浪费严重。那么，我们该如何以可持续发展的方式利用这些资源呢？

如果把燃烧化石燃料产生的温室气体二氧化碳储存在地底下，这种做法有意义吗？另外，哪种岩组可以作为放射性废弃物最终处置的地点？我们如何净化并保护这片滋养动植物和人类生命基础的土壤？哪里有地下水？人类如何利用地下水获取至关重要的饮用水？地下水很

可能是未来最重要的天然资源，在设置垃圾掩埋场时必须避免污染物渗入地下，使地下水源变得有毒。

我们如何从海底或极地取得天然资源？该研发怎样的科技才办得到呢？该怎么做，我们才能把对敏感的海洋造成的破坏降到最低？

我们无法阻止地震发生，但地质学家可以预告，哪些地区特别容易受到危害。

而在建造桥梁、高楼等大型建筑物以前，必须先由工程地质学家检测底土的稳定性。

石油、天然气、煤等能源能提供电力、暖气和动力燃料，并且能广泛加工。那么，蕴藏这些能源的矿床在哪里？除了这些，利用地热提供能源的地热能也拥有极大的潜力。

不论寻找黄金、钻石或其他矿床，都需要利用地质学知识。

洞穴学
研究洞穴知识的一门学问。洞穴学家测量洞穴、探究洞穴的形成原因，使洞穴便于人类通行。

地质考古锤

地质学家常使用十字镐和考古锤。考古锤（见图）能将较大的岩石样本敲成便于使用的大小；使用时务必戴上护目镜。

锤 尖

锤尖有刃，能将岩块劈裂。

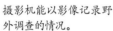

在地质调查营地采集实验室分析所需的岩石样本。

摄影机能以影像记录野外调查的情况。

为了采集岩石样本，有时需要攀岩技巧。

将岩石依大小、颜色和性质分类。

怎样才能成为地质学家？

　　地质学家必须接受大学教育，先在地质学系学习地球的历史与构造，其中一部分的知识，例如岩石和矿物种类等必须背诵下来，见到时才能加以辨识。另外，地质学家也必须具备化学和物理方面的基本知识。到了专业课程，就开始专攻某个和未来工作相关的领域，有些地质学家从事的是科学方面的研究，例如研究远古时代的生命形态；有些则为供应能源或是开采天然资源的企业服务。

　　地质学家的工作很"土"，他们置身于大自然，经常接触岩石、尘埃和淤泥，因为唯有这样，才能增进我们对地球的了解。

头灯使研究人员能空出双手做事。

大惊奇！

　　在德国，沉积岩粒径大于2厘米的是卵石，2~20毫米的是砾，0.2~2毫米的是砂，0.02~0.2毫米的是粉砂，0.02毫米以下的是黏土。这种分类方法与中国有所不同。

一个出现小洞的海岸石头，在德语里被称为"鸡神"，从前德国人相信把这种石头悬挂在鸡棚架上，能让鸡下更多蛋，如今这种石头则被当成吉祥物。

收集石头——动手吧！

寻找石头真好玩，如果能找到稀有矿物或是罕见的石头则更是有趣。不妨邀请朋友或是兄弟姐妹一起来，这样乐趣不但会加倍，还可以互相比赛，看谁找到最漂亮的石块，或谁先发现了石英。想寻找石块，任何地方都可以，不妨先从家附近开始，不论是院子里、河边或是度假时的沙滩上都行。

装 备

一开始不需要太多工具，不妨准备一个背包收纳发现的物品、一些报纸用来包裹找到的奇石。如果能再准备一本笔记本和一根铅笔更好，这样可以把发现奇石的地点记录下来。另外，如果希望在岩石里发现矿物的踪迹，放大镜会是个好帮手。如果需要用到地质锤将岩石敲碎，一定只能由成人进行，而且旁边所有的人，就算只是旁观，也都必须戴上护目镜。

收集奇石时必须穿着坚固、稳妥的鞋子和长裤，这样能保护自己避免受伤。还有，在岩石可能滚落的地方，请务必要戴上头盔！

寻找、发现奇石并收藏

慢慢走，同时仔细观察地面，会发现有硬的、软的、闪亮的、粗糙的等等各式各样的石头。把找到的奇石用报纸包起来，回家以后再用牙刷、水和肥皂刷洗干净，擦干，就可以用放大镜仔细观察了。看得到晶体吗？把你的奇石和矿物、岩石图鉴比对，看看找到的是哪种岩石。

收集到的奇石可以好好收藏。在清洁、干燥的石块底部涂上少许白色颜料，等颜料干了，再为找到的奇石写上号码，给第一颗发现的奇石编号"1"，并且在记录地点、日期和其他与

自己做的小盒子很适合摆放小石块或矿物。

海边的石头是圆的，海水使这些石头彼此不断撞击，尖锐的棱角于是逐渐消失。

可准备笔记本和铅笔随时记录。

废弃的采石场对收集奇石的人或业余的地质学研究者，都是个宝藏。

这两个人的做法不对！使用地质锤一定得戴上护目镜。

你知道吗？

▶ 千万不可以未经许可就擅自闯入他人的土地，一定要先征询主人的同意。

▶ 在自然保护区和国家公园是禁止收集奇石的，而不同的国家规定也不同，例如挪威全面禁止收集石块，一旦被发现的话将会被罚款。

▶ 必须在成人的陪同下才能前往采石场这一类的场所，单独前往那里太危险了，你可能会失足滑倒，甚至引发岩石崩落。

这件物品相关重要讯息的资料卡上也写上同样的号码，这样就能随时知道，自己的收藏品中有哪些矿物了。这种记录工作虽然有点麻烦，却非常重要。几年后你也许已经收藏了上百种矿物，到时如果没有这些资料卡，就会搞不清楚了。

即使你找到的石块不像图上的这么闪亮也别失望，因为它们还需要磨光。接下来你就可以把它们纳入你的收藏，并且编码、记录。

自己 培养晶体

哪种颜色的溶液里培养的是哪种晶体最好先记下来，以免最后搞不清楚。

市面上有现成的晶体培养包可以购买，但简单的晶体盐其实利用家中现成的材料就可以制作了。最重要的是，要有耐心！另外还需要：

▶ 两个干净的玻璃果酱空罐
▶ 盐
▶ 泻盐（在药房买得到，也就是"七水硫酸镁"。）
▶ 热水
▶ 两根回形针
▶ 两根线
▶ 食用色素

做 法：

1 在两个玻璃罐里装满温水，并且分别滴上几滴食用色素。两个罐子各用不同的颜色，最后形成的晶体才不会搞混。

2 在一个罐子里慢慢把盐加进去，最好用茶匙，并且不断搅拌溶液，直到罐子里的盐再也无法溶解，并且残留在罐底为止。这表示溶液已经饱和，水再也无法将盐溶解了。

3 在另一个罐子用泻盐把同样的步骤进行一遍，泻盐会刺激黏膜，因此务必在成人的协助下进行。如果自己来，一定要戴上塑胶手套和护目镜。等到泻盐再也无法溶解，表示这罐水溶液已经饱和了。

4 用一根线绑住一根回形针，线的另一端绑一片压舌板，再将回形针放进溶液里。接下来就是等待了：观察一下，半个小时以后发生了什么事？一天以后呢？

晶体能长到多大，要看你能等待多久，但最少需要一个星期的时间。把做好的饱和溶液静置在某个地方，因为晶体生成需要时间，并且不能受到任何干扰。两个星期以后，回形针看起来是怎么样的呢？

沙漠中的访谈

澳大利亚的"卡尔鲁卡尔鲁"高度可达6米。下图这颗魔鬼弹珠出现在非洲的纳米比亚，难不成它搬家了？

卡拉，你的伙伴们在哪里？弹珠很少孤零零的。

哼！你仔细瞧瞧，这里遍布着成千上万个我的伙伴。还有，我叫"卡尔鲁卡尔鲁"，不叫"卡拉"，在当地原住民的语言里，意思就是"圆形物体"。

原住民把你们当作圣石，你有什么看法？

本来就该这样，其他态度我绝对无法接受。我们是彩虹蛇的蛋，不知道谁到处散播"魔鬼的弹珠"之类的胡言乱语！

这么说来，彩虹蛇会下花岗岩蛋咯？

没错。带有少许赤铁矿的花岗岩让我们呈现出美丽的色彩。

你们有一位姐妹被人带到500千米以外的地方，当成墓碑了。

什么"带"走，根本就是绑架！这个圣地的守护者交涉了好几十年，她才获释回乡。

你们是怎么庆祝她获释回乡的？

庆祝仪式是高度机密，我只能告诉你，直到如今，岩袋鼠们对这件事都还津津乐道呢！

如果可以休假的话，你希望做什么呢？

我希望可以在一片嫩绿的草地上悠闲地滚动。

姓名：卡尔鲁卡尔鲁
兴趣：风化
苦恼：鳞屑
最爱的颜色：锈红色

一般人这么高！

名词解释

变质岩：指受到地球内部力量改造而成的新型岩石。

玄武岩：岩浆喷发形成的暗色岩石，成分大多为长石矿物。

成岩作用：使构造松散的沉积物转变为岩石的所有自然变化。

双折射：一种矿物的光学现象，可将一束光分成两束。透明晶体能产生双重影像。

晶洞：群聚生长在空洞中的石英晶体。

元素：无法以化学方法再分解的物质。

侵蚀：逐渐地破坏或腐蚀；岩石经自然侵蚀风化。

矿石：蕴藏着可供经济利用价值的岩石。

燧石：一种矿石，黄褐色或黑色，质地坚硬。古代用来取火，现代工业中用作研磨材料等。

化石：史前生物遗留下来的踪迹或残骸。

岩脉：是岩浆沿围岩的裂缝挤入后冷凝形成的。

地质学：研究地球的形成、变迁与构造的科学。

克拉：宝石的重量单位，1 克拉相当于 0.2 克。

碳酸盐：含有碳和氧，碳酸钙是最常见的一种碳酸盐，是地壳中常见的矿物。

克拉通（古陆）：从远古时期就存在的地壳陆棚，不会再因为造山运动而变形。

晶体：有规律地组合在一起的固体，每一面都是平面。许多矿物都会形成晶体，晶体的形状由化学成分和晶体结构决定。

熔岩：出现在地球表面，会流动的熔化岩石。

指准化石：对某种地层具有指标意义，能用来推定某种地质年代的化石。

荧光：未经高温加热下，矿物发出的光。是一种光致发光的冷发光现象。

岩浆：位于地幔上层，熔化的岩石。

陨石：地球以外未燃尽的宇宙流星脱离原有运行轨道或呈碎块飞快散落到地球或其他行星表面的石质的、铁质的或是石铁混合物质。

矿物：存在于自然界、具有一定化学成分的结晶固体，是岩石的天然成分。

摩氏硬度：矿物的特质，是某种矿物遭另一种尖锐物质割划时产生的抗阻力。

月球矿物：在月球上采集到的岩石样本，含有钙长石、磁铁矿、褐铁矿、橄榄石、长石、辉石等矿物。

板块运动：岩石圈是由许多板块组成的，这些板块彼此会相互推挤，地貌也会因此而改变。

深成岩：岩浆在地壳内冷凝而成的岩石。

重矿物：指比重大于 2.9（或 2.86）的陆源碎屑矿物，如锆石、电气石、绿帘石、石榴石等。

沉积岩：三种组成地球岩石圈的主要岩石之一，有的构造疏松（砂岩、砾石），有的构造坚硬（石灰岩）。

解理：矿物承受压力或敲击时，会沿光滑面破裂的特性。

隐没带：隐没带存在于聚合板块边缘。海洋板块扩张到大陆板块的边缘，因为海洋板块较重，会沉入大陆板块之下，形成聚合板块边缘。

三叶虫：长有坚硬甲壳的小型动物，外形类似远古时代的甲壳动物，大约生活在距今 5 亿年前。

凝灰岩：由火山喷发物，如火山灰等凝固而形成。

岩浆岩：与深成岩相反，是一种在地表冷却凝固所形成的岩石。

球状风化：一种风化作用，例如酸雨会逐渐侵入岩石裂隙，而风会吹蚀岩石，使岩石逐渐变圆。

石灰：由石灰石、黏土、沙子制作的矿物材料，加水会形成熟石灰并且大量发热，在水中及空气中保持坚固。

内 容 提 要

本书为孩子们介绍了岩石的种类与矿物的特性，帮助我们了解岩石的变迁以及地质学家如何勘探岩石。《德国少年儿童百科知识全书·珍藏版》是一套引进自德国的知名少儿科普读物，内容丰富、门类齐全，内容涉及自然、地理、动物、植物、天文、地质、科技、人文等多个学科领域。本书运用丰富而精美的图片、生动的实例和青少年能够理解的语言来解释复杂的科学现象，非常适合 7 岁以上的孩子阅读。全套图书系统地、全方位地介绍了各个门类的知识，书中体现出德国人严谨的逻辑思维方式，相信对拓宽孩子的知识视野将起到积极作用。

图书在版编目（CIP）数据

矿物与岩石 / （德）卡琳·菲南著 ； 赖雅静译 . --
北京 ： 航空工业出版社，2021.10（2024.2 重印）
（德国少年儿童百科知识全书 ： 珍藏版）
ISBN 978-7-5165-2742-9

Ⅰ . ①矿… Ⅱ . ①卡… ②赖… Ⅲ . ①矿物—少儿读
物②岩石—少儿读物 Ⅳ . ① P5-49

中国版本图书馆 CIP 数据核字（2021）第 196509 号

著作权合同登记号
图字 01-2021-4065

Mineralien und Gesteine. Funkelnde Schätze
By Karin Finan
© 2013 TESSLOFF VERLAG, Nuremberg, Germany, www.tessloff.com
© 2021 Dolphin Media, Ltd., Wuhan, P.R. China
for this edition in the simplified Chinese language
本书中文简体字版权经德国 Tessloff 出版社授予海豚传媒股份有限
公司，由航空工业出版社独家出版发行。
版权所有，侵权必究。

矿物与岩石
Kuangwu Yu Yanshi

航空工业出版社出版发行
（北京市朝阳区京顺路 5 号曙光大厦 C 座四层　100028）
发行部电话：010-85672663　010-85672683

鹤山雅图仕印刷有限公司印刷　　　全国各地新华书店经售
2021 年 10 月第 1 版　　　　　　　2024 年 2 月第 7 次印刷
开本：889×1194　1/16
印张：3.5

字数：50 千字
定价：35.00 元

 船的故事 从独木舟到远洋轮船

 飞机的秘密 人类飞行的梦想

 火山探秘 来自地底的火焰

 七大奇迹 上古时期的宝藏

 汽车世界 精彩的汽车发展史

 鲨鱼家族 海洋里的铁齿手

 百变天气 阳光、降雨和暴雨

 穿越大自然 探究与保护

 鲸和海豚 海洋里的哺乳动物

 恐龙王国 永远消失的地球霸主

 矿物与岩石 闪闪发亮的宝藏

 爬行与两栖动物 蜥蜴、林蛙和巨蜥

 大自然的力量 难以估量的威力

 改变世界的电 高电压与超导体

 各种各样的鱼 水下的奇妙世界

 猫的家族 拥有柔软皮毛的敏捷猎手

 奇境森林 动物和植物的天堂

 忠诚的狗 四只爪子的美好

 浩瀚宇宙 宇宙的秘密

 狼的故事 走进荒野猎食者的领地

 蚂蚁和白蚁 了不起的建筑师

 美丽的蝴蝶 色彩斑斓的自然精灵

 蜜蜂和胡蜂 美丽的蜂巢与可怕的蜂针

 潜水的魅力 潜入水下的迷人世界

 古老的希腊文明 哲理、英雄和诸人

 古罗马生活 古罗马的社会百态

 欧洲风情 人口、国家和文化

 骑士时代 城堡、比武大会和贵族女性

 舞动的音符 走进娱乐的奇妙世界

 古老的城堡 中世纪的见证

 熊的秘密生活 棕熊、大熊猫、北极熊

 化石档案 生命的线索

 奇妙的昆虫 六条腿的生存艺术家

 极地世界 生活在冰雪王国

 神秘的蜘蛛 丝线上的猎手

 大象王国 温和的"巨人"

 海底宝藏 沉没的宝藏

 海洋之谜 海洋研究与保护

 火星登陆 红色星球定居计划

 忙碌的农场 动物、植物与农业机械

 时尚魅影 时尚的古与今

 全球气候 冰期和气候变化